身边生动的自然课

姹紫嫣红的花卉

中国科学院院士　匡廷云◎著

吉林科学技术出版社

图书在版编目（CIP）数据

姹紫嫣红的花卉 / 匡廷云著；王丹丹译. — 长春：
吉林科学技术出版社，2018.6
（身边生动的自然课）
ISBN 978-7-5578-3971-0

Ⅰ．①姹… Ⅱ．①匡… ②王… Ⅲ．①庭院－花卉－
儿童读物 Ⅳ．①S68-49

中国版本图书馆CIP数据核字（2018）第075968号

吉林省版权局著作合同登记号：图字 07-2017-0052

姹紫嫣红的花卉 CHAZI-YANHONG DE HUAHUI

著　者	匡廷云
译　者	王丹丹
绘　者	［日］藤原智
出版人	李　梁
责任编辑	潘竞翔　赵渤婷
封面设计	长春美印图文设计有限公司
制　版	长春美印图文设计有限公司
开　本	880mm×1230mm　1/20
字　数	40千字
印　张	2.5
印　数	1-8000册
版　次	2018年6月第1版
印　次	2018年6月第1次印刷

出　版	吉林科学技术出版社
发　行	吉林科学技术出版社
地　址	长春市人民大街4646号
邮　编	130021
发行部电话/传真	0431-85677817　85635177　85651759
	85651628　85600611　85670016
储运部电话	0431-84612872
编辑部电话	0431-86037576
网　址	www.jlstp.net
印　刷	长春新华印刷集团有限公司

书　号	ISBN 978-7-5578-3971-0
定　价	28.00元

如有印装质量问题可寄出版社调换
版权所有　翻印必究　　举报电话：0431-85635186

前 言

　　地球上千奇百怪的植物始终伴随着人类的发展历程，人类生活习惯的演变离不开植物世界。路边的小草、庭院里的盆花、餐桌上的蔬果、园子里的果树，它们发生过什么有趣的事？兰花有多少种？含羞草为什么能预报天气？如何迅速区分玫瑰与月季？三叶草只有三片叶子吗？无花果会开花吗？莲花的姐妹是谁？麦冬的哪个部分可供药用？人类与植物世界存在着怎样的联系？植物之间是如何相互依存、相互影响的？……本系列丛书为孩子展现了生活中最常见植物的独特之处，不仅能够培养孩子的观察、思考能力，还能够丰富他们的想象力，提高他们的创造力，是一套值得小读者阅读的科普读物。

中国科学院院士

中国著名植物学家

目 录

玫瑰

美人蕉

牡丹

山茶花

芍药

石蒜

石竹

水仙花

米兰

爬山虎

波斯菊

瑞香

向日葵

三角梅

洋桔梗

一串红

百合花是一种广受人们喜爱的世界名花。花朵生在茎顶部，呈漏斗形，花色多为白色，典雅而优美。鳞茎是由许多白色鳞片层层环抱而成，形态特别像莲花。它的鳞茎可以食用，也可以药用。摘取一片鳞片插入土中，也许它就能再生出一株百合花来，你想试试吗？

百合花 〔百合科百合属〕

百合花的原品种大概有120种，其中山丹百合的花色为红色，非常鲜艳。

有一种百合花，花朵中间为淡红色，边缘为白色，花瓣向外反卷，花瓣上还有玫瑰花纹和斑点，犹如鹿身上的斑纹一般，又称"鹿子百合"。

别称： 山丹、百合蒜、夜百合、倒仙

种类： 多年生草本球根植物

花期： 5~6月

百日菊适合生长在温暖、阳光充足的地方，它的根扎得较深，茎很坚硬，不会轻易倒伏。百日菊第一朵花开在顶端，然后侧枝开花比第一朵开的位置更高，所以得名"步步高"。百日菊的花瓣层层叠叠，为多层，花形美观，极具观赏价值，多进行人工培育，用来点缀花坛、花带等。

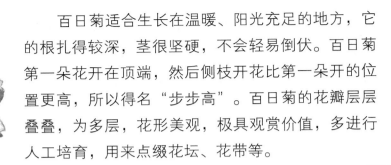

百日菊的花朵开在枝端，花瓣呈宽钟状，为多层，花朵较大，花色鲜艳。

百日菊的颜色有多种，其中红色百日菊连着花茎，远远看去就像一把撑开的伞。

百日菊一般具有舌状花冠，即花冠下部联合呈筒状，上部联合呈扁平舌状。

百日菊
〔菊科百日菊属〕

别称：百日草、步步高、火球花
种类：一年生草本植物
花期：6~9月

韭兰一般生长在庭院小路旁或者树荫下，叶片呈线形，非常像韭菜。花瓣6~8枚，呈粉红色。韭兰叶片是扁的，容易弯曲或倒伏。韭兰与葱兰比较相似，葱兰花朵的颜色一般是白色，而韭兰的花朵一般是粉红色，颜色鲜艳，非常美观。

葱兰主要花色是白色，部分带有红褐色的苞状总苞，像佛焰一般，典雅优美。

韭兰
【石蒜科葱莲属】

淡红色的韭兰花瓣呈丫形张开。

韭兰的鳞茎不算粗大，直径约为2.5厘米，还有明显的颈部，颈长是鳞茎直径的1~2倍。

别称：韭莲、风雨花

种类：多年生草本植物

花期：5~8月

每当春暖花开的时候，多种花色的大花蕙兰竞相绽放，极具观赏性。它的花姿独特，对甲醛、苯等有害气体的吸收能力很强，常被人们置于花架、阳台进行培育。花色多种多样，主要包括白色、黄色、绿色、紫红色及复色等。

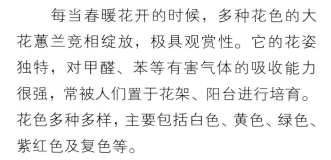

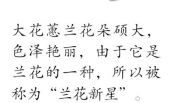

大花蕙兰花朵硕大，色泽艳丽，由于它是兰花的一种，所以被称为"兰花新星"。

大花蕙兰的茎较为粗壮，呈椭圆形，略扁；叶子细长且常年浓绿，是典型的常绿多年附生草本植物。花茎较长，约为60~90厘米。

别称：喜姆比兰、蝉兰

种类：常绿多年附生草本

花期：春季

鸡冠花的花朵为红色，因形如鸡冠而得名。鸡冠花植株主干较为粗壮，分枝很少；花朵生得极密，在一个大的花序下长有多个较小的分枝，呈圆锥体，而表面则呈羽毛状，给人一种毛茸茸的感觉。鸡冠花对二氧化硫、氯化氢有良好的吸收作用，可达到净化空气的目的。

鸡冠花
【苋科青葙属】

叶子为葱绿色，
叶脉清晰。

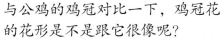

与公鸡的鸡冠对比一下，鸡冠花
的花形是不是跟它很像呢？

别称：红鸡冠、老来红、大鸡公花

种类：一年生草本植物

花期：7~9 月

菊花位列"中国十大名花"第三位，也是中国"四君子（梅、兰、竹、菊）"之一。菊花分布很广，几乎遍布中国各地，产量非常高。花朵较大，花瓣多层堆叠，颜色非常鲜艳。菊花种类繁多，每当花期到来，姿态不一、颜色多样的菊花竞相绽放，非常美观。

将菊花采下，阴干、蒸晒、烘焙，可制成菊花茶。菊花茶味道甘苦，具有下火、清肝明目、解毒消炎等功效，深受人们喜爱。

菊花还可以用来制作菊花冻。菊花冻美味可口，口感清爽，深受孩子们的喜爱。

菊花【菊科菊属】

别称： 秋菊、陶菊、隐逸花
种类： 多年生宿根草本植物
花期： 9~11 月

龙吐珠因花形如"游龙吐珠"而得名，花朵非常美观。花序如收拢的伞，白色的花萼呈五角形，红色花瓣中雄蕊很长，露出花冠，就像白色的花萼吐出鲜红色的花蕊。花朵具有解毒的功效，对慢性中耳炎有一定的治疗效果。

龙吐珠
【马鞭草科大青属】

红色花瓣中的雄蕊突出在花冠之外，非常美观。

枝条较为柔弱而且下垂，叶子的质地类似于纸张。花朵长在枝端或枝上部叶腋。

别称：麒麟吐珠、白萼赫桐、珍珠宝莲

种类：攀缘状灌木

花期：3~5月

麦冬适合生长于温暖湿润、降水充沛的环境，大多数生长在海拔2000米以下的山坡阴湿处、林中或溪水旁。它的根中部膨大成椭圆形的小块根。小块根具有生津解渴、润肺止咳的功效，是常见的一味中药。

花生在苞片腋内，花瓣较小，以白色或淡紫色居多，点缀于绿叶间，极为美观。

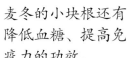

麦冬的小块根还有降低血糖、提高免疫力的功效。

果实是蓝色的，呈球形。

别称：麦门冬、寸冬、川麦冬

种类：多年生常绿草本植物

花期：5~8 月

玫瑰是英国的国花，也是中国吉林省吉林市的市花。玫瑰气味芳香，主要用于制作食品或提炼玫瑰油。花朵生于叶腋，颜色多为红色、白色或蓝色，色泽鲜艳，花瓣内外重叠，非常美观。

苞片呈卵形并长有茸毛，花梗、萼片上也长有茸毛。

玫瑰的茎较为粗壮，小枝多且带刺，叶子呈椭圆形，带边刺。

红色玫瑰花象征着美好的爱情，常用来赠送心爱的人。

别称：赤蔷薇、刺玫花

种类：落叶灌木

花期：5~6月

美人蕉一般生长在温暖、湿润、阳光充足的地方。株干全部为绿色，高达 1.5 米。花形优美，花朵多数为鲜艳的红色。花瓣磨碎后涂于皮肤患处能消肿解毒。另外，它也能吸收部分有毒气体，具有净化空气的作用。

美人蕉是较为典型的观花植物，但有一种红花美人蕉，花较小而叶子繁茂，是观叶植物。

美人蕉 [美人蕉科美人蕉属]

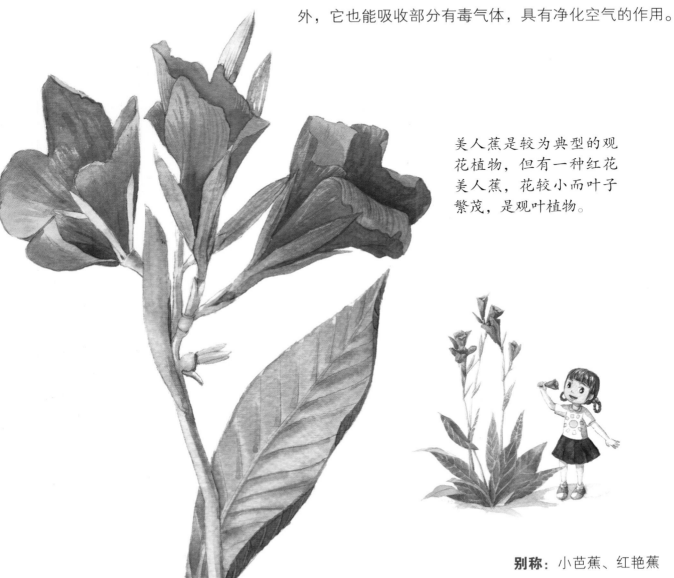

别称：小芭蕉、红艳蕉

种类：多年生宿根草本植物

花期：3~12 月

牡丹花色泽艳丽，华贵唯美，素有"花中之王"的美誉。中国的牡丹品种非常丰富，遍布各个省市。牡丹花茎有的高达 2 米，花瓣为层叠的重瓣，花朵较大，直径为 10~17 厘米。花瓣厚且花香浓郁，深受人们喜爱。

牡丹

〔芍药科芍药属〕

当花蕾变得饱满硬实，牡丹花开始绽放。待所有花瓣舒展开并完全开放后，花朵逐渐枯萎，果实开始缓慢生长，直到果实变为黄色，就成熟了。

牡丹花在中国象征着"富贵、繁荣兴旺"，所以人们培育牡丹，用来装扮花坛、门庭等。

别称：富贵花、洛阳花、白雨金、木芍药

种类：多年生落叶灌木

花期：5 月

山茶树一般生长在半阴凉的环境中，花期一般在 1~4 月，花朵大，为鲜艳的大红色。山茶花对二氧化硫、氟化氢、氯气、硫化氢有较强的吸收作用，花姿优美，花朵艳丽，不仅可以净化空气，还可以用作装饰，所以，常常用来布置庭院或厅堂。

山茶花的枝条呈黄褐色；叶子为亮绿色，呈卵圆形或椭圆形，边缘呈锯齿状，互生于枝条上。

山茶花

〔山茶科山茶属〕

山茶花的茎较短，花瓣有 5~7 片，花朵的直径为 5~6 厘米。花蕊呈金黄色，点缀着大红色的花瓣，非常美观。

别称：耐冬

种类：常绿灌木或小乔木

花期：1~4 月

芍药，又称"别离草"，它的根较为粗壮，为肉质纺锤形或长柱形块根；茎高达110厘米；花瓣的数量非常多，在百片以上，内外重叠。芍药的品种丰富，且花色繁多，种子可榨油、制肥皂、涂料等，根和叶可制栲胶。

芍药
[芍药科芍药属]

白色芍药的花瓣重叠形成碗状，中间有黄色的花蕊加以点缀，显得典雅而美丽。

红色芍药颜色鲜艳，花朵硕大，花瓣数量繁多，非常美观。

芍药花朵大、花瓣多、花姿美，适用于插花。

别称：别离草

种类：多年生草本植物

花期：5~6月

石蒜一般为野生，主要生长在阴暗潮湿的山坡和溪沟旁的红色土壤中。石蒜花开的时候，放眼望去，漫山遍野一片鲜红，极具观赏价值，人们常将它培育成盆栽，用来装饰花坛、庭院等。

石蒜的花朵生于花茎的顶部，呈鲜艳的红色，花序成伞形，极具特色。

石蒜的鳞茎近似为球形；叶子呈细长的带状，绿色。花茎很长，达30厘米。

别称：龙爪花、彼岸花、曼珠沙华、乌蒜

种类：多年生草本植物

花期：8~9 月

-27-

石竹整株无毛，为粉绿色。种类较多，包括钻叶石竹、蒙古石竹、丝叶石竹、高山石竹、辽东石竹等等。花朵的颜色也是多种多样，有紫红色、粉红色、鲜红色和白色等。石竹具有吸收二氧化硫和氯气的功效。

石竹

[石竹科石竹属]

花朵的花瓣呈倒卵状三角形，边缘处呈锯齿状，表面有斑纹。

整株石竹高 30~50 厘米，适合生长在阳光充足且干燥通风的地方。

别称： 洛阳花、中国石竹、中国沼竹、石竹子花

种类： 多年生草本植物

花期： 5~6 月

水仙花一般生长在温暖、湿润、排水良好的环境中，是中国传统观赏花卉之一，位列"中国十大名花"第十名。水仙花鳞茎汁液多，有毒。花朵生在花序轴的顶端，花序呈伞形，花瓣较多，一般都有6片，呈白色。

水仙花花瓣为白色，花蕊为黄色，而且在花蕊外还有一个碗状"保护罩"。

水仙花 [石蒜科水仙属]

水仙花的鳞茎上覆有棕褐色的皮膜。一个鳞茎基本能抽出1~2枝花茎，多的可以抽出8~11枝。

别称：凌波仙、金银台、天葱

种类：多年生草本植物

花期：1~2月

郁金香遍布世界各地，为土耳其、哈萨克斯坦、荷兰的国花。鳞茎为圆锥形，在秋季栽种后，待到次年春季就会长出新苗。花朵生在花茎的顶端，一个花茎上只长一朵花。花形较大，为直立的杯状，颜色鲜艳，花形秀丽。由于郁金香有极好的除臭作用，所以，它也是各种香料的原料。

郁金香
〔百合科郁金香属〕

郁金香的花色繁多，其中比较常见的为白色、洋红色、鲜黄色、紫色、紫红色等。

别称：洋荷花、草麝香、荷兰花
种类：多年生草本植物
花期：4~5月

经过整个冬季的低温天气后，次年的2月初左右，郁金香的新芽破土而出，不断生长形成茎叶。到3~4月，郁金香逐渐绽放。

圆叶牵牛花一般生长在温暖且阳光充足的地方。它非常耐干旱，即使在贫瘠的土壤上，也能生长得很好，因此广泛分布于世界各地。茎上长有倒向软毛或倒向长硬毛，叶子呈圆心形或宽卵状心形。花朵生在花序梗的顶端，生一朵或多朵花，聚集形成伞形花朵序。它的花冠为漏斗状，使得整朵花看上去像个喇叭。

圆叶牵牛花

〔旋花科牵牛属〕

圆叶牵牛花自花苞到盛开后，展开的花盘会收拢，然后枯萎，长出球形的蒴果。

圆叶牵牛花是一种攀缘草本植物，多攀着于山石、篱笆、花架等进行生长。

别称：圆叶旋花、小花牵牛

种类：一年生缠绕草本植物

花期：5~10 月

紫茉莉适合生长在温暖湿润的气候中，原产于热带美洲。花簇生在枝端，颜色鲜艳，有紫红色、黄色、白色或杂色。紫茉莉喜爱阴凉，只在清晨或者傍晚时花朵才开放，如果光照强烈，花朵会自然闭合。夏天，人们常常在院子里或是室内种一盆紫茉莉，用来驱蚊。

紫茉莉

〔紫茉莉科紫茉莉属〕

果实为黑色，较小，直径为5~8毫米，呈球形，表面有褶皱。

花被呈高脚杯状，易识别。

别称：状元花、粉豆花、胭脂花

种类：一年生草本植物

花期：6~10月

醉蝶花的植株较为高大，一般为 40~60 厘米。茎上生有细毛，会散发出一种刺鼻的气味。花朵生长在枝端，开放时，会自下而上依次绽放。每当花朵盛开时，整个花序犹如一个丰满的花球，每朵花就像蝴蝶一样迎风飞舞，极为美观。

花瓣呈披针形，向外反卷，颜色多为红色或白色，远远看去像蝴蝶的翅膀。

小叶呈圆状披针形，一般有 5~7 片。

醉蝶花盛开的时候，总会吸引蝴蝶飞来。

醉蝶花 〔山柑科白花菜属〕

别称：蝴蝶花、凤蝶草、紫龙须

种类：一年生草本植物

花期：6~9 月

大丽花原产于墨西哥，是墨西哥的国花。大丽花花形美丽、花色鲜艳，再加上植株对二氧化硫、氟化氢、氯气等有害气体具有较强的吸收能力，所以深受人们的喜爱，常被用来布置庭院、花坛等。大丽花花色多样，有 20 多种，花朵硕大，花形也有多种，包括单瓣、星状、球状、牡丹状、白头翁状等。

大丽花

〔菊科大丽花属〕

硕大的花朵由中间的管状花和外围舌状花组成，花瓣颜色鲜艳。

别称： 大理花、东洋菊、天竺牡丹

种类： 多年生草本植物

花期： 7~9 月

凤尾丝兰的茎较短，整个植株为莲座状，即叶子在植株的基部簇生，内外重叠，呈螺旋状排列，这使它非常容易辨认。叶子坚厚，顶端有尖硬的刺。每当开花的时候，白色的圆锥形花序下垂着，一簇簇的，远远看去就像一个巨大的花环，极为美观。

凤尾丝兰的花瓣为匙形，花蕊呈扁平状。白色花朵一簇簇下垂着，姿态优美。

凤尾丝兰的叶子常年浓绿；对二氧化硫、氟化氢、氯气、氨气等有害气体具有很强的吸收能力。

花轴从叶丛间生出，较长，约为1~1.5米。

别称：菠萝花、厚叶丝兰

种类：多年生木本植物

花期：7~9月

桂花树是一种常绿灌木或小乔木，通常为 3~5 米高，最高可达 18 米。枝干较为粗壮，树皮呈灰褐色，小枝为黄褐色且无毛，叶子属革质，较硬，呈椭圆形、长椭圆形或椭圆状披针形。花朵簇生在叶腋，形成了聚伞花序，远远看去像扫帚。桂花有浓郁香气，每到花期，在距离很远的地方就能闻到，所以，才会有"桂花十里飘香"的说法。

桂花
【木犀科木犀属】

桂花的叶形较大，长为 7~14.5 厘米，宽为 2.6~4.5 厘米；花朵较小，呈黄白色、淡黄色、黄色或橘红色，在绿叶的映衬下，显得格外典雅秀丽。

桂花可用来制作桂花糕，美味爽口，深受人们的喜爱。

别称： 岩桂、木犀

种类： 常绿灌木或乔木

花期： 9~10 月

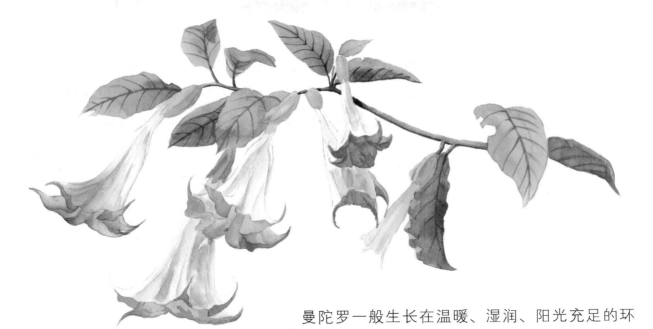

曼陀罗一般生长在温暖、湿润、阳光充足的环境中，对土壤要求不高，适应能力很强，因此，在田间、沟旁、山坡、河岸等地方均可以看到曼陀罗的野生品种。曼陀罗有剧毒，对棉花、豆类、薯类、蔬菜等均有危害。茎较为粗壮且立挺；叶子呈宽卵形；花生于叶腋或枝杈处，一处只生一朵花。花冠为漏斗状，多为白色，也有紫色的品种。

曼陀罗

【茄科曼陀罗属】

蒴果直立在枝杈或叶腋处，呈卵圆形，表面长有坚硬的刺。

种子呈扁肾形，颜色为黑褐色。

曼陀罗花朵倒吊，形似喇叭，又被称为"大喇叭花"。

别称：洋金花、大喇叭花、山茄子

种类：一年生草本植物

花期：5~9 月

米兰适合生长于温暖、湿润、阳光充足的环境，原产于亚洲南部，中国的东南地区和越南、印度、泰国、马来西亚等国均有种植。米兰花含有丰富的芳香油，可从中提取精油，用作调配香水、香皂或化妆品等的香料。米兰的花朵较小，排列密集，多为黄色，具有浓郁的香气。

米兰
〔楝科米仔兰属〕

米兰的浆果呈红色，近乎为球形。

别称： 四季米兰、珍珠兰
种类： 常绿灌木或小乔木
花期： 5~12月

米兰的植株比较高大，可达7米。枝叶繁茂，绿意盎然，常被用作盆栽风景树，用来装扮门厅、会场、庭院等。

爬山虎与野葡萄藤很相像，藤茎长达 18 米；枝条较为粗壮，枝上长有卷须，卷须的顶端和尖端皆有黏性吸盘，使它能吸附在岩石、墙壁或树木等的表面。花朵很小，成簇生长，多为黄绿色，隐藏在绿色的叶子中并不明显。

爬山虎
〔葡萄科地锦属〕

爬山虎一般生长在阴湿的环境中，由于生命力极强，枝叶生长迅速，常用来装饰庭院或围墙。

别称：巴山虎、红丝草、爬墙虎
种类：多年大型落叶木质藤本植物
花期：5~8 月

在路边、小溪旁常能看到波斯菊，又称"秋英"，是一种著名的观赏植物。波斯菊一般生长在阳光充足的地方，生命力极强，对环境的适应能力也很强。根呈纺锤状，茎上不长毛或只长一些柔软的毛。花朵生在枝端，每处只长一朵花，直径约3~6厘米，色泽鲜艳，非常美观。

波斯菊
【菊科秋英属】

叶子细长，呈线形或丝状线形。

别称：秋英、大波斯菊

种类：一年生或多年生草本植物

花期：6~8 月

在路旁、田埂、溪边等都能看到波斯菊的影子。

瑞香一般生长在温暖的环境里，不适合生长在过于炎热或寒冷的地方。瑞香的花姿高雅，散发着沁人心脾的清香。瑞香颜色鲜艳，常被园艺爱好者培育并置于庭院中。花朵的花蕾呈心脏形，颜色多为白色或淡紫红色。瑞香有很多品种，其中最出名的是金边瑞香，这种瑞香的叶子边缘呈金黄色，花为淡紫色，香气浓郁，是"世界园艺三宝"之一。

花蕾呈紫红色，开放后的花瓣内侧为白色，显得非常典雅。花朵簇生在枝端，看上去像"绣球花"。

瑞香枝干粗壮，近似圆柱形，略带紫色；叶子较厚，类似纸质，呈长圆形或倒卵状椭圆形，树冠为圆球形。

别称：蓬莱紫、睡香、风流树

种类：常绿小灌木

花期：3~5 月

向日葵的花朵总是朝向太阳，所以又称"朝阳花"。茎较为粗壮且立挺，茎上长有粗硬毛，叶子呈卵形或卵圆形，表面较为粗糙，边缘呈锯齿状，还带有长长的叶柄。花朵生于枝端或茎顶，每处只生一朵花，为头状花序，较大，直径可达30厘米，最小的也有10厘米。花朵的颜色为金黄色，非常鲜艳，远远看去像黄色的大圆盘。

向日葵
〔菊科向日葵属〕

向日葵的果实叫作葵花子，呈倒卵形或卵状长圆形，外皮较硬，为灰色或黑色，可生食，也可以炒熟食用。

向日葵较为高大，整株的高度为 2.5~3.5 米。每当花期到来，一排排向日葵竞相开放，极具观赏性。

别称：向阳花、太阳花、转日莲、朝阳花
种类：一年生草本植物
花期：7~8 月

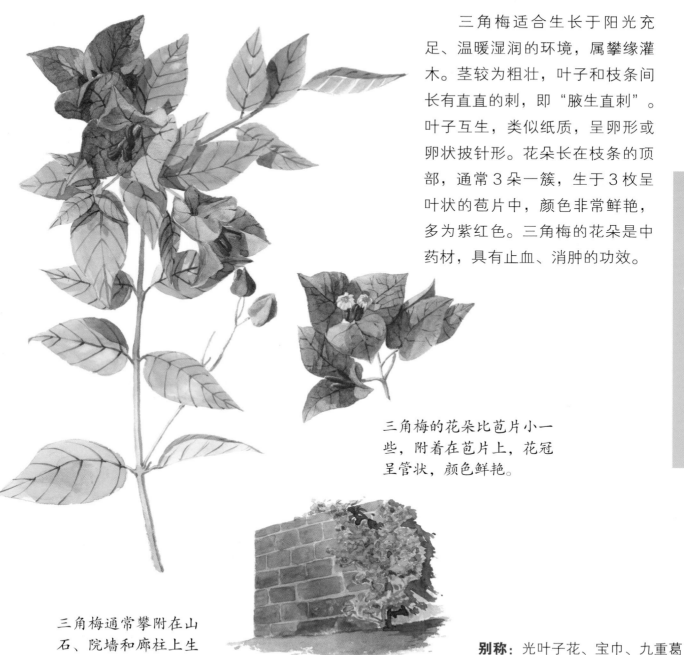

三角梅适合生长于阳光充足、温暖湿润的环境，属攀缘灌木。茎较为粗壮，叶子和枝条间长有直直的刺，即"腋生直刺"。叶子互生，类似纸质，呈卵形或卵状披针形。花朵长在枝条的顶部，通常3朵一簇，生于3枚呈叶状的苞片中，颜色非常鲜艳，多为紫红色。三角梅的花朵是中药材，具有止血、消肿的功效。

三角梅
【紫茉莉科叶子花属】

三角梅的花朵比苞片小一些，附着在苞片上，花冠呈管状，颜色鲜艳。

三角梅通常攀附在山石、院墙和廊柱上生长，是一种攀缘灌木。

别称：光叶子花、宝巾、九重葛

种类：攀缘状灌木

花期：全年

洋桔梗的花朵呈钟状，与桔梗相似，所以人们称它为"洋桔梗"。洋桔梗花色清丽淡雅，花形别致可爱，是比较常见的花卉种类。花冠为漏斗形，花瓣呈覆瓦状排列，而且花色丰富多彩，有红色、粉红色、淡紫色、黄色及复色等，色调清新，花姿典雅。

洋桔梗播种半个月左右就开始发芽。

发芽后，再过半个月左右，就长出了幼苗。幼苗的生长极为缓慢。

别称：草原龙胆、土耳其桔梗、
　　　丽钵花、德州兰铃
种类：多年生植物
花期：5~7月

播种后4~5个月，洋桔梗才开始开花。其花形别致典雅，成为国际上极受欢迎的盆花和切花种类之一。

一串红因其花序修长，且颜色鲜红而得名。秋高气爽时，正是一串红花叶繁茂的时候，它属于庭院及园林里较常见的品种。一串红整株可高达 90 厘米。花朵生得较为繁密，果实为椭圆形坚果，内部有黑色的种子。一串红还是中药材，有清热解毒的功效。

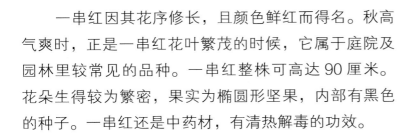

叶子呈卵圆形或三角状卵圆形，边缘有锯齿，两面均无毛。

一串红属于典型的红色品种，常常与浅黄色的美人蕉、浅蓝色或浅粉色的牡丹、翠菊等花卉搭配在一起布置花坛，非常美观。

别称： 炮仗红、象牙红、西洋红

种类： 亚灌木状草本植物

花期： 3~10 月